目录

地球上的水资源	4
水循环	8
海洋生态系统	10
海洋区域及其深度	14
上层带	16
中层带	18
深层带	20
深渊带	22
超深渊带	24
潮汐	26
洋流	28
气候和洋流	32
波浪	34
海啸	36
海洋动物群	38
不光只有鱼类	40
面临威胁的生态系统	44
濒危物种	46
生态系统问题有哪些应对解决方案?	48
海洋与航海探险	50
今日的海洋探索	54
神话和传说中的海洋	56
让我们一起来做些实验吧!	58

地球上的水资源

地球表面 71% 都是水资源

地球表面大部分都被水资源覆盖。海洋、湖泊和河流的总面积占到地表面积的71%。因此，如果我们从太空中观察地球，它看起来就是一个蓝色的星球。海洋为地球上的生命提供了最基本的资源。在本书中，我们将会探索各大洋和各海域，以及它们各自的不同特征。

大海和大洋是如何形成的？

如今大海和大洋里的水，都是在不同**地质时期的演变过程**中慢慢形成的。水的起源尚不清楚，但最合理的一个理论认为，它与地球的温度逐渐降低有关。最初我们的地球被地壳和火山喷出的炽热气体覆盖。随着地球慢慢冷却，这些气体就凝结成了水，最后落到地面上，从而形成了有史以来第一个海洋——**原始海洋**。

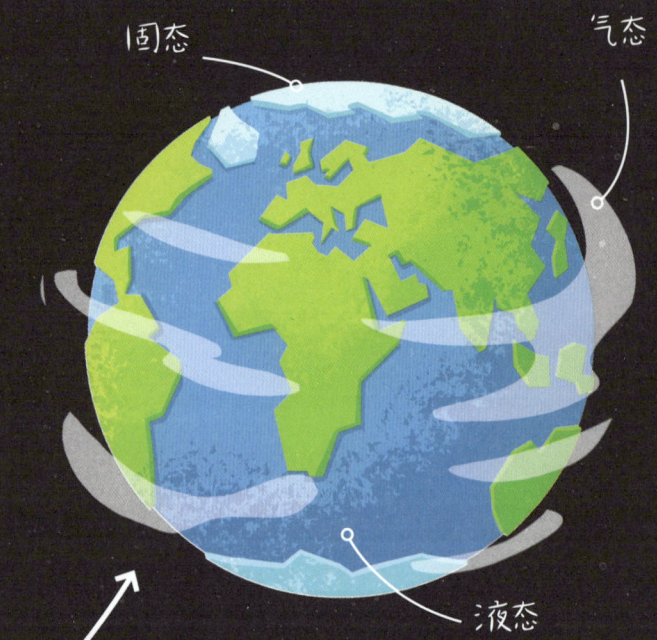
固态 / 气态 / 液态

你知道吗？

地球是一颗独一无二的星球。在太阳系中，地球这颗行星的平均温度适宜，水只有在地球上才会以**固态**、**液态**和**气态**三种形态存在。

什么是海洋地壳？

与大陆地壳不同，海洋地壳要更薄、密度更大，形成时期也更晚。一方面，当**海洋板块**分离时，岩浆会从地幔（这是一种超固体物质，位于海洋地壳和地球超热内核之间）中溢出来。从地幔里溢出的岩浆便形成了水下山脉的**洋脊**。另一方面，当海洋板块碰撞时，较冷的板块就会"俯冲"或下沉到另一个板块的下方，从而形成一个凹陷，这类凹陷就被称为**海沟**。

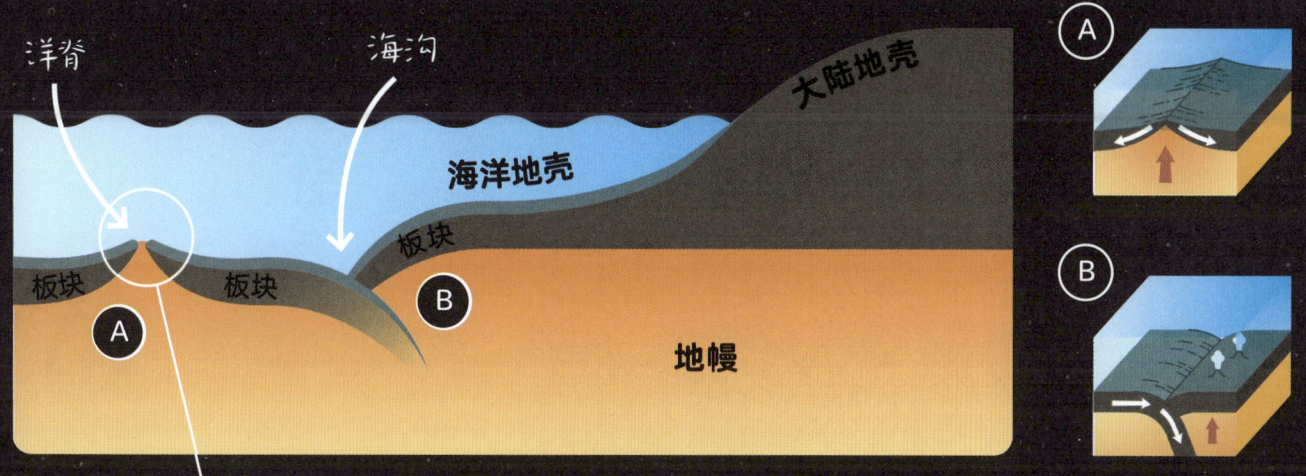

① **区域 1**
这是洋脊最表层，由海洋沉积物组成，其成分和厚度可能会有所不同。

② **区域 2（岩石圈）**
这是洋脊中间层，主要由玄武岩组成，玄武岩是一种黑色的火山岩。

③ **区域 3（软流圈）**
这是洋脊最深层，主要由辉长岩组成，这是一种粒状结构的岩浆岩。

地球上的水是怎样分布的？

地球上的大部分地区都被水覆盖。在南半球，尤其是温带地区，夏季和冬季的气温主要受海洋控制，因此不同地区温差不大，气候比较相似。与此相反，在北半球，不同地区的气温差异很大，因为这些地区的气温既受广袤海洋的影响，也受陆地的影响。

大海和大洋有什么区别呢？

大海和大洋并不完全相同。虽然它们主要都是由盐水构成的，但它们之间也存在很大的区别，因此大海和大洋这两个词并不能混用。一方面，大海比大洋要小，部分大海会与陆地相连，大海即位于陆地和大洋的交汇处；另一方面，大洋中的水盐度更高。事实上，地球表面大部分地区都被"**世界海洋**"所覆盖。这个"世界海洋"又可以分为五大洋：**太平洋**（其中面积最大的大洋）、**大西洋**、**南冰洋**、**北冰洋**和**印度洋**。

✱ 大海能够变成大洋吗？

有一片大海，它的面积随着时间的推移在慢慢扩大，这就是位于埃及东部的**红海**。它的名字并不是源于海水的颜色（它的水其实是碧绿色），而是因为海中的红色藻类，这些红色藻类使海水呈一种特别的棕红色。人们传言这就是它名字的由来。

红海

北半球

印度洋

○ 有咸水的不仅仅是海洋……

你觉得咸水只能存在于大海和大洋中吗？不是这样的！约旦、巴勒斯坦和以色列之间有个湖泊，被称为**死海**。它是世界上最咸的天然湖泊。死海表层水的盐度约为大洋中的水的 **9.6 倍**，而且随着你潜入水底，盐度也会不断上升。因此，除了细菌外，其他生物都没法在这里存活。这也是它被人叫作"死海"的原因！

死海

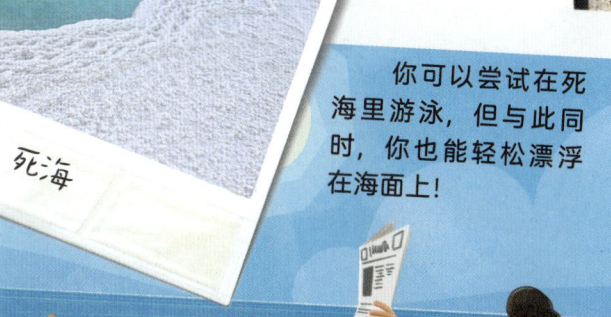

你可以尝试在死海里游泳，但与此同时，你也能轻松漂浮在海面上！

水循环

冷凝
　　当空气冷却或冷空气与热空气相遇时，水就会从气态变为**液态**。

升华
　　雪和冰没有先融化成水，直接变成了水蒸气，这种现象就叫作升华。

降雨
　　通过冷凝，大气中存在的水蒸气就会凝聚，并"落下来"成为雨或雪，具体是雨还是雪，取决于温度。

正在融化的冰川

湖泊

渗滤
　　通过这个渗滤过程，降水就渗入地下，供给地下水，并成为地下水流的一部分。

大海和大洋，以及湖泊、冰川、河流和地下水，都是大自然的天然水库。地下水又会在天然水库中进行循环，进而就产生了"水循环"，这主要是靠太阳能提供能量。

蒸腾

一些降水被树木和植被所拦截和吸收。这些水会穿过植物，并转化成（被释放出来的）水蒸气。

蒸发

蒸发是水循环中的一个主要过程，在这个过程中，水从液态转变成气态，也即水变成了蒸汽。因此来自海洋中的水便以水蒸气的形式到达大气层。

地下水 *

地下水的流动速度要比地表水慢得多，通过地下土层，地下水会再次被输送回各大海洋。

海洋

* 审者注：原文如此。事实上，除了地下水，江河等地表径流同样可以汇入海洋，这也是水循环的一部分。

海洋生态系统

海洋生态系统非常庞大，它是生物圈中最大的生态系统，包括生物部分和非生物部分。这个生态系统的环境复杂多样，包含很多不同的小生态系统，所有的小生态系统都是紧密相连的。大海和大洋互动密切，具有非常相似的特性，因此我们可以将它们视为一整个大型的"生物群"，不过其中的动物和植物，也因地区而异。

什么是生物群？

生物群是指生活在一个生态系统内部特定空间中的所有生物体，包括动物、植物等。

什么是海洋生物群？

海洋生物群包括生活在**中上层**（开放海域）的生物体，例如浮游生物和自游生物，以及生活在**底层**（海床底）的生物体，例如底栖生物。其中还有些生物体，可能在生命中的一个阶段是底栖生物，而在另一个阶段则是浮游生物。

海洋生态系统是由哪些生物体构成的？

海洋生态系统包括三类不同的生物体：**浮游生物**、**自游生物**和**底栖生物**。

浮游生物

浮游生物是**微小的生物有机体**，它们既可以生活在海水表面，也可以生活在海底深处，它们的活动完全依赖于水的运动。浮游生物是海洋生态环境食物链中的重要一环，因为自游生物和底栖动物都会以它们为食。此外，我们地球大气层中的氧气和二氧化碳能够维持平衡，也得益于某些浮游生物的光合作用。

自游生物

自游生物可以独立移动（如鱼类或鲸类）。自游生物的类别包括：脊椎动物、软体动物和甲壳类动物。尽管自游生物可以生活在各种水域中，但是在热带水域中发现的自游生物种类最多，那里生活着大量的鱼类。

底栖生物

底栖生物生活在**海底、表层沉积物**上，以及更深的水域中。底栖生物可以根据大小分为大型底栖生物、小型底栖生物和微型底栖生物。

生物是均匀地分布在整个海洋生态系统中的吗？

不是。只要给定的海洋环境特征不同，它们创建的就是不同的**栖息地**。每个栖息地上都生活着一些特定的生物有机体。这些栖息地受到很多因素的影响，比如水深、与陆地的距离、海底地形，以及最重要的阳光。水的深度越大，能够**穿透的阳光**就越少，比如海底最深处，阳光是完全无法抵达那里的。

海洋亮区和暗区

大西洋中有一个热液喷口"地带"，被称为"**失落之城**"。该热液系统位于大西洋的中脊和转换断层（即两个板块水平交汇处）附近。科学家们认为海底存在热液喷口的区域一定比他们想象的还要多得多！

在海底最深处，生命体在哪里最集中？

在**热液喷口**周围，热液从海底裂缝中溢出。这些喷口位于洋脊附近或海底火山区，阳光无法抵达这么深的地方，因此无光带的生物无法通过光合作用来养活自己。它们也找不到可以吃的来自海水表面的有机物，因为就算有机物能够到达海底，它们本身也失去了所有营养。所以这些生物会以一些特殊的**细菌**为食，这些细菌通过**化学合成**产生能量。化学合成指的是热液喷口中产生的某些无机化合物（例如甲烷）的氧化。

化学合成

日光带是海洋的上层，也就是能够接收到阳光的一层。它实际上还可分为两层：**透光带**，这一层中的植物和浮游植物可利用阳光进行光合作用；**弱光带**，这一层中的阳光不足以让生物体进行光合作用，但是这里的阳光足以让生物体进行呼吸和维持生命。

日光带的具体深度会根据阳光、季节、纬度和水的"浑浊度"（透明度）变化。

海洋大部分都是巨大的黑暗区域，即**无光带**。尽管无光带漆黑一片，但是仍然有不同的生物能在这里生存。有些生物也会在夜间游到日光带，也有一些生物终年生活在一片黑暗之中，例如某些品种的海参和深海狗母鱼。

海洋区域及其深度

海洋，尤其是大洋，是一大片隐藏着许多秘密的广袤水域。为了更好地研究这片水域，科学家们按深度将它划分成了不同的区域，每个区域都有它的一些特征。科学家们目前确定的海洋分层是：上层带、中层带、深层带、深渊带和超深渊带。但超深渊带仅在世界上小部分地区被发现。

上层带

 0—200 米

上层带也称光合作用带,阳光可以抵达这一层,海洋生物可以利用阳光进行光合作用。这也是上层海洋带也被叫作"日光带"的原因。这一区域的深度最大可达 200 米,海水越是清澈,海洋上层区域的深度越大。这个区域生机勃勃,生活着各类生命体,这层的生物比生活在更深层的海水中的生物要多得多。

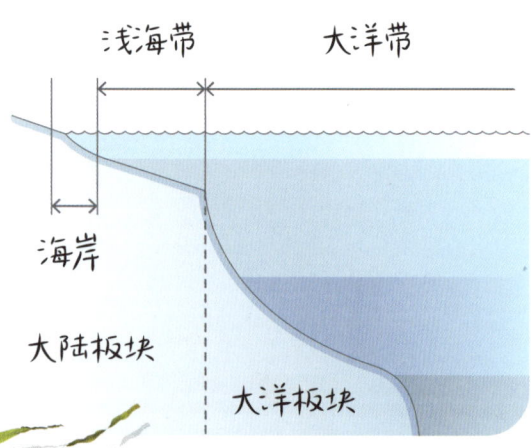

上层带只有一层吗?

事实上,上层带不止一层,可分为**浅海带**和**大洋带**。浅海带对应的区域是大陆板块上方的海洋层。大洋带对应的区域是大洋板块之上的海洋层,即广海。

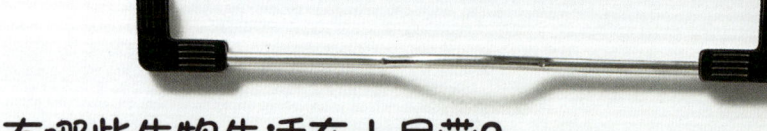

有哪些生物生活在上层带?

著名的海洋生物几乎都生活在这个区域,例如海豚和鲸等鲸目动物,还有水母、鲨鱼、海龟和浮游生物等。这一层阳光充足,生长着许多**藻类**,藻类是这个区域部分海洋生物的食物。此外,海洋上层中 50% 的氧气都是由藻类的**光合作用**产生的。在这一区域生活的生物,还可以接触和捕食海岸边的其他生物。

海洋的上层区域是适宜的栖居地吗?

　　海洋上层的环境也不总是那么适宜。在海岸附近栖息的生物除受到海浪、风力、压力、温度的影响外,还面临着天敌的威胁。这个区域非常广袤,在这里生活的生物不论是觅食还是繁殖后代都需要进行**长途跋涉**。而且已经受到洋流影响的生物,还必须应对人类的威胁,因为人类会在这一层水域航行、探索和捕鱼。

多种多样的生物

　　在上层带,即海平面以下 40 米至 60 米处,尤其是水温在 18℃到 30℃之间的热带地区,有一些与众不同的**珊瑚礁**在这里生活,这些珊瑚礁由珊瑚和珊瑚礁石组成。在珊瑚礁中,还栖息着多种动物群,如棘皮动物(如向日葵海星和紫色海胆),甲壳类动物(如箭蟹),软体动物(如蓝环章鱼),等等,更不用说在珊瑚丛中游来游去的各种五彩鱼类啦!

蓝环章鱼

世界上最大最长的珊瑚礁群在澳大利亚,其长度达到了 2300 千米!

向日葵海星

紫色海胆

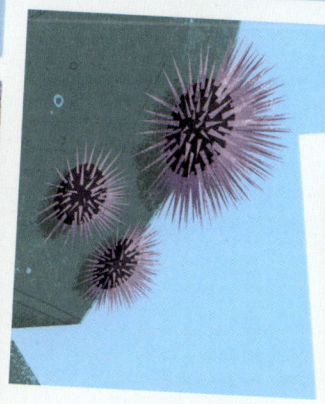

箭蟹

中层带

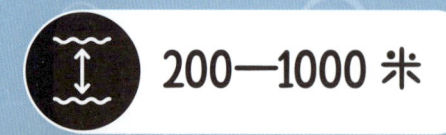 200—1000 米

中层带是指海水深度在 200 米到 1000 米的海洋区域。阳光能抵达海洋中层的部分区域，但是还不足以让生物进行光合作用，因此这一区域又被称为"暮色带"，它位于有强光的日光带和被黑暗统治的无光带之间。在这一区域中，水越深的地方，温度会越低，水的压力和盐度会不断上升。

什么是温跃层？

温跃层是水的**温度**快速变化的一个**过渡层**，它位于水温较高的海洋上层带和水温较低的海洋中层带之间。温跃层的深度每年都会发生变化，取决于具体季节和地点。在热带地区，它的深度几乎保持不变。在寒冷的极地地区，温跃层非常浅，贴近海水表面。而在温带地区，温跃层的深度则经常发生变化，通常在夏季要更深一些。

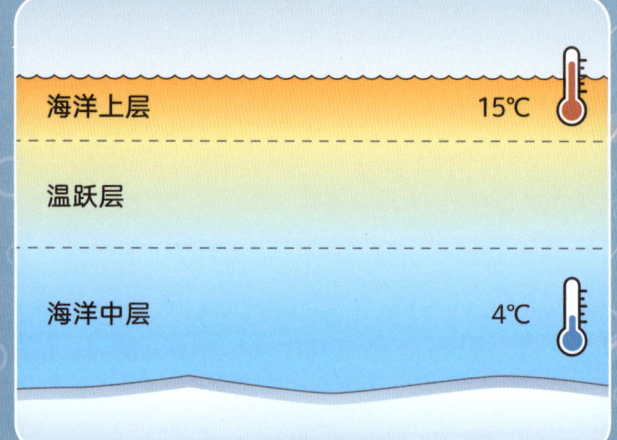

温跃层图示

哪些生物生活在中层带？

生活在中层带的生物有水母、鳗鱼、鱿鱼、虾和浮游动物。这些生物已经适应了在这个区域生活。其中有些生物还长着能反射光线的**银色鳞片**，而有些物种则有**非常发达的眼睛**，可以让它们直接向上看，这有助于它们定位猎物并躲避天敌。还有一些生物，能通过"**生物发光**"的功能自行发光，给自己照明。

剑鱼体表部分位置覆盖着银色的鳞片，可以反射穿透海洋上层的光线。

中层带的生物都吃什么?

中层带的**光线非常微弱**,因此所有需要光合作用才能生存的生物体,都无法在这里存活。由于缺少阳光,再加上氧气少、水温低、盐度高,中层带的**营养资源十分有限**。因此栖息在这一区域的生物会定期迁移到海洋上层进行觅食。但它们大多在夜幕降临时才去觅食,这样就能避免遇到在日间活动的捕食者。

一张广阔的食物网

中层带的许多动物,例如**浮游动物**,都以**浮游植物**为食,而浮游植物一般在海水表面及海洋上层的部分地区最为丰富。浮游动物是海洋中层区域中其他生物的绝佳向导:它们是海洋上层的某些生物的食物,而海洋上层中的这些生物又是海洋深层中的一些动物的食物。此外,海洋中层的**细菌**非常重要,因为它们可以吸收二氧化碳,并将它转化为海洋生命体所必需的物质,例如碳水化合物或蛋白质。

浮游植物

浮游生物中的一种,是可以进行光合作用的生物体。

浮游动物

不能自主移动的生物有机体,主要靠水流来移动。

深层带

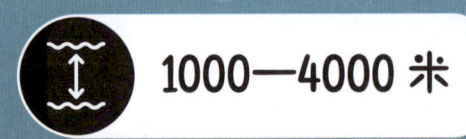 1000—4000 米

中层带和深渊带之间是深层带，它位于海平面以下 1000 米至 4000 米处。太阳光无法抵达这里，因此也被称为"午夜带"。这里唯一存在的光源，是生活在这里的动物通过生物发光而产生的光。

什么是生物发光呢？

一些生物体可以通过自身发光来制造光源，这就是生物发光现象，它是由动物体内某些化学反应释放的能量而引起的。这些海洋生物会利用生物发光功能吓跑或躲避它们的捕食者，同时能定位和吸引猎物，还能与它们的同类物种进行交流。

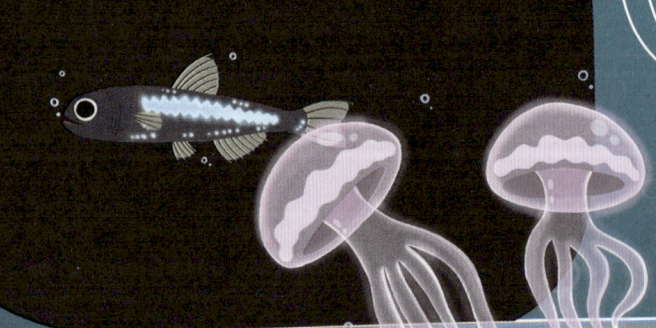

深层带的水温和水压如何？

深层带的水温恒定，始终保持在 4℃ 左右。**水压很大**，但生活在这里的动物却能承受得住，这是因为它们的身体里主要是水，所以它们不会被压力压垮！

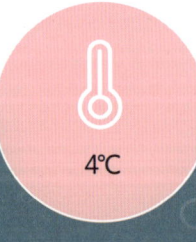
4℃

约等于 394.67 个大气压

你知道吗？

如果来自海洋深层的鱼被放到海洋上层区域，那么它们的外观就会变得很奇怪，与它们在海洋深层区域时大不相同。这是因为海洋上层区域的压力要比海洋深层低得多，把海洋深层的鱼类放到上层，它们的眼睛会肿胀起来，体内的气体也会膨胀，这让它们看起来像是快要**爆炸**一样！

深层带的鱼类如何获取食物？

在深层带，食物比中层带更加稀缺，这就是只有少数生物会生活在海洋深层的原因。此外，由于这些生物远离阳光，可获取的能量很少，因此它们更喜欢保持静止不动，等待猎物自己"送上门"来，或是用**生物发光功能**来吸引猎物。大多数这类生物的体径都不超过10厘米，这是因为需要尽量减少身体的能量消耗。

深层带的鱼类如何防御它们的捕食者？

生活在深层带的生物，大多有高度发达的**听觉系统**，这能够让它们感知到捕食者的靠近。此外，与海洋上层水域中的生物不同的是，它们大多数是**深色**的，这是为了避免被捕食者发现，并且它们身上也没有能反射光线的银色鳞片。即便是红色的鱼，在深层带看起来也会像是黑色的鱼，因为在这一区域根本不存在红光。

仿鲸科鱼类的眼睛都很小，而且也不发达，因此它们无法看清周围的事物。但它们身上又分布着很多**感觉孔**，这使它们能够感知到捕食者的存在。

为了迷惑捕食者，管肩鱼科鱼类与"肩膀"齐平的地方都有一个**内囊**，这里面含有可以发光的液体，这种液体一经释放就会形成一团明亮的蓝色云状物。

深渊带

4000—6000 米

深度从水平面以下 4000 米一直延伸到 6000 米的这一层海域之所以叫深渊带，是因为它像深渊一样深不见底，完全是一片漆黑，什么东西都看不见。这一区域的名称，源自希腊语中的单词 "ἄβυσσος"，它的意思是 "无底深渊"，人们曾经认为海洋底部是没有尽头的。这里的气温极低，水温接近冰冻点。但在深渊带，海水非常宁静，因为它们距离能产生水流和波浪的湍流水面十分遥远。

能够在深渊带移动的生物体，一般都长着大长腿。那些能附着在海床上的生物，身上也都长着很多**肉茎**，这使它们能够"悬浮"在几乎不存在氧气的海床上。

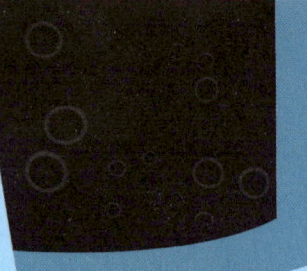

你知道吗？

很不幸的是，陆地上产生的污染物，也能到达深渊带这样深的海域中。比如**塑料**就对这一层海域造成了严重危害。因为生活在这里的生物会吃掉任何移动着的东西，所以许多生物吃了很多塑料垃圾，而不是营养物质。

2℃—3℃

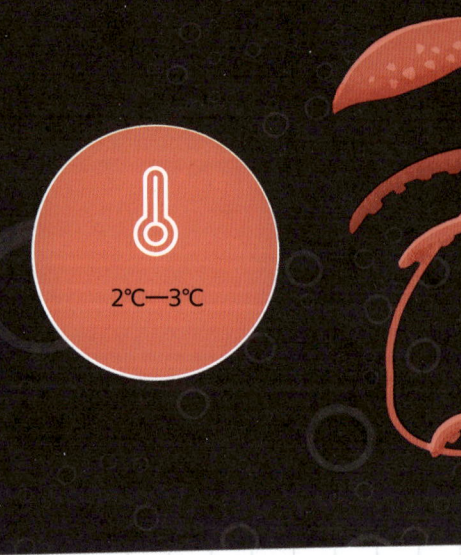

深渊带有氧气吗？

尽管深渊带特别深，但氧气仍然存在，不过这里的氧气含量要远远低于浅层。深渊带的海水完全来自**融化后的极地冰川**，所以海水的氧气量仍然是这些冰川在融化之前的含氧量——最初冰里的含氧量*。由于深渊带没有光，无法进行光合作用，因此这里是无法产生氧气的。

*审者注：原文如此。冰川融水是淡水，密度比海水低，通常首先进入表层海水。目前的主流观点认为，深层海水中的氧来自表层海水溶氧的扩散和洋流的运输。通常认为深海不能产生氧，但近期有研究表明，海底的金属结核有可能催化氧的产生，但作用效果有多大，仍有待进一步评估。

哪些生物已经适应了在深渊带生活？

适应了深渊带的环境并在此栖居生活的生物非常罕见，并且**物种数量不多**。有几种海洋无脊椎动物和鱼类，已经习惯了在这里生活。这里没有白天、黑夜和四季之分，水压也高，海床由软软的沉积物构成，四周一片漆黑。这里的生物大多都是灰色、黑色或透明的。

烟灰蛸

大王酸浆鱿

许多鱼类和甲壳类动物的眼睛是看不见任何东西的。此外，随着深度的增加，食肉动物和食腐动物会越来越少，以泥土或沉积物为食的动物越来越多。这些鱼通常都有**巨大的、宽阔的嘴巴**，并且它们都长着**锋利的牙齿**。

什么是深海巨人症？

深海巨人症指的是一些生活在海洋深处的动物，比生活在海洋浅层水域中的同类物种的体型要大得多。由于深渊带很难到达并开展研究，因此对于这种现象，目前还没有很确切的解释。

长 3 米　重 30 千克

日本巨蟹

超深渊带

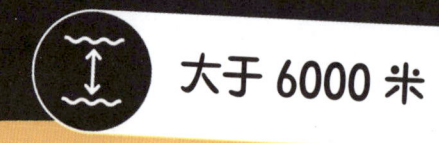 大于 6000 米

超深渊带的深度超过了 6000 米，这是海洋水域的最底层，几乎快要抵达海沟了。这一区域的英文名叫作"hadopelagic"，它来源于希腊神话中掌管冥界的冥王哈迪斯。超深渊带大多区域都未被人类探索。由于温度极低且压力巨大，据目前研究，只有极少数物种才能在这里生存，而其中的大多数生物生活在海底的热液喷口附近。

海洋最深处在哪里？

海洋最深处是"挑战者深渊"，它位于太平洋的马里亚纳海沟。这个新月形的海沟长约 2550 千米，宽约 69 千米，最深处叫作"挑战者深渊"，深约 11 千米。想象一下，如果我们把珠穆朗玛峰沉入马里亚纳海沟，那么当它完全浸没于水中时，也仍然离海沟最底部还有大约 2 千米的距离！

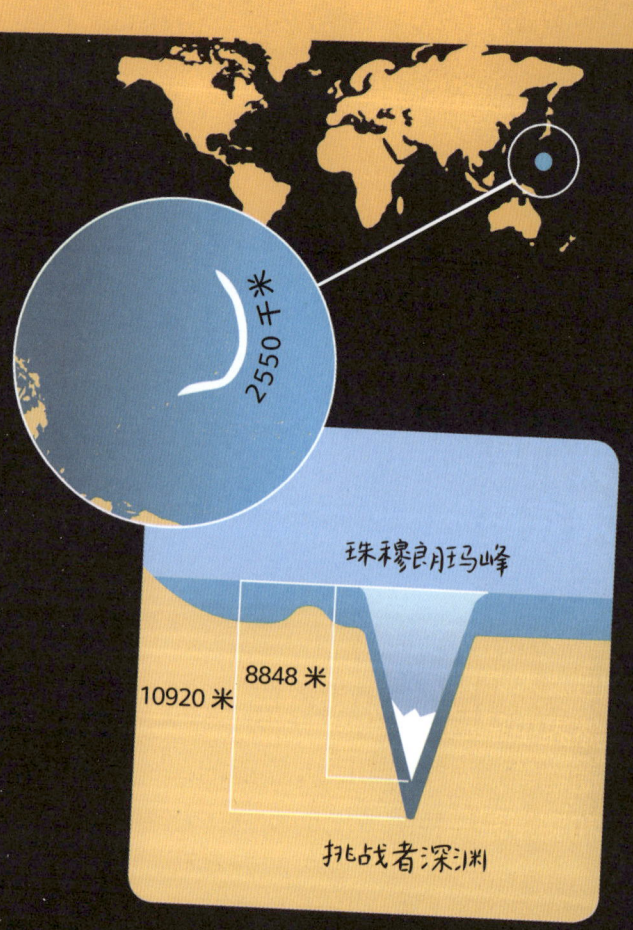

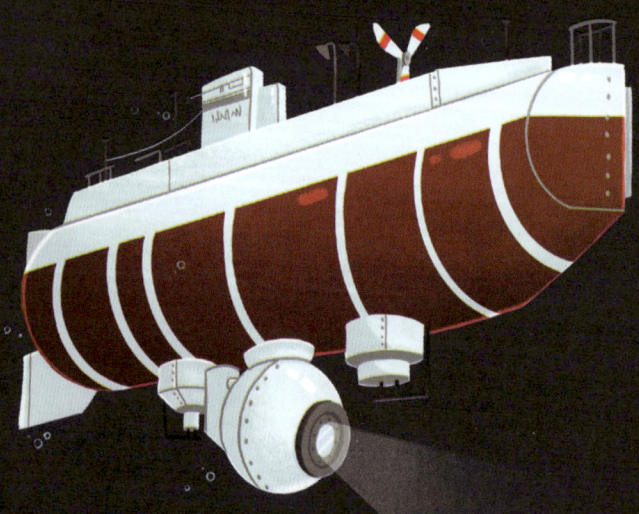

第一批到达挑战者深渊的人是雅克·皮卡德和唐纳德·沃尔什，他们于 1960 年登上了"里亚斯特"号潜水艇来到这里。但糟糕的是，他们无法在潜水艇的舱内拍照，因为潜水艇碰到柔软的海底沉淀物质后把一团团的淤泥给推了上来，遮挡住了他们的视线。

其他大洋中最深的点都在哪里?

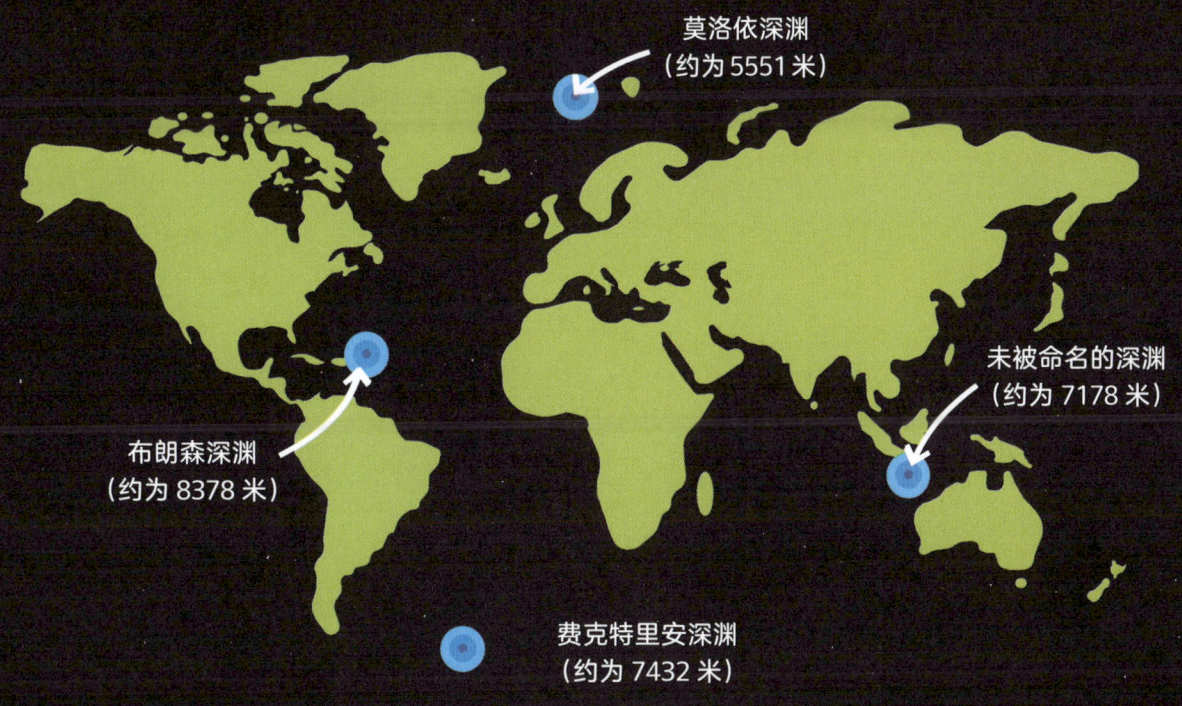

莫洛依深渊
(约为 5551 米)

未被命名的深渊
(约为 7178 米)

布朗森深渊
(约为 8378 米)

费克特里安深渊
(约为 7432 米)

我们是如何测出海底最深处的深度的?

有越来越多的复杂仪器和技术可以被用来测量海洋的深度,包括声呐技术,即通过超声波的回波来计算某一点到海底的距离。这种技术在自然界中早已广泛存在,比如许多陆地动物、海洋动物等,都会使用**超声波**和**回声定位系统**来定位和测量距离。

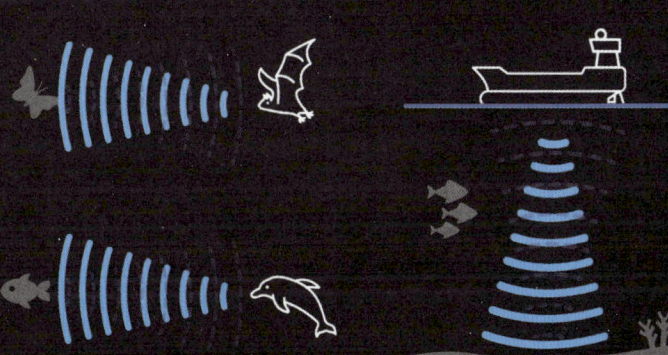

有哪些鱼类生活在海洋最深处呢?

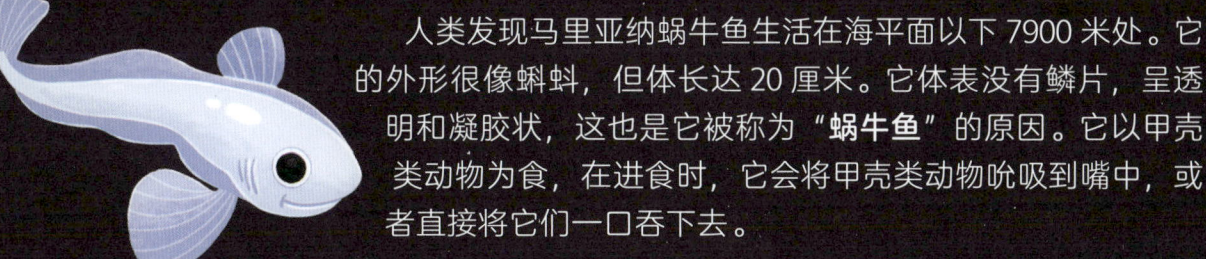

人类发现马里亚纳蜗牛鱼生活在海平面以下 7900 米处。它的外形很像蝌蚪,但体长达 20 厘米。它体表没有鳞片,呈透明和凝胶状,这也是它被称为"**蜗牛鱼**"的原因。它以甲壳类动物为食,在进食时,它会将甲壳类动物吮吸到嘴中,或者直接将它们一口吞下去。

潮汐

在白天,世界各地的大海和大洋的水平面都会不断发生变化,有的上升,有的下降。这就是所谓的潮汐现象。地球上的大部分地区每天会发生两次涨潮和两次退潮,这是月球和太阳对地球的引力作用导致的。

退潮和涨潮是什么?

当沿岸的海水远离海岸并下降到最低水位线时,就称为**退潮**。当海水向海岸边移动,并上升至最高水位线时,就称为**涨潮**。涨潮和退潮的间隔时间,被称为"**月潮间隔**"。

大自然的一道奇观

在法国,有一个独一无二的地方。潮涨潮落的交替让那里呈现出一番独特景象,并且被联合国教科文组织认定为**世界遗产**,它就是**圣米歇尔山及其海湾**。圣米歇尔山是一座由岩石构成的岛屿,上面坐落着一个小村庄,被海湾环绕着。在退潮时,你可以步行到岛屿上,走在与内陆相连的一片广阔沙滩上。然而在涨潮时,这片广阔的沙滩就会全部被淹没在水下,而小村庄也成了一座真正的孤岛。

为什么涨潮现象会出现在地球的两侧？

地球绕其轴心进行自转，因此沿海水域就会受到两种不同的力的影响。让我们来看看这些力都是什么吧！

太阳和月亮对陆地上的水的引力

1 月球对地球面向它的一侧的海洋**施加引力**，从而出现涨潮现象。

2 在地球的另一侧，大海和大洋虽然远离月球，却同样也会涨潮。打个比方，就像在环岛开车打急转弯时，你可能会感受到的那种**离心力**一样。就潮汐而言，这种力是由于地球和月球围绕太阳旋转而产生的。

什么是潮池？

沿着海岸边，岩石之间经常会形成一些特殊的**水池**，这就是**潮池**。在退潮时，我们就能看到这些水池。潮池里栖息着各种各样的动物和植物，它们是体型较大的动物的食物。潮池的存在与海浪的运动密切相关，随着海浪的运动，这些潮池有时会蓄满水，有时又会干涸。

洋流

洋流指的是大海和大洋中的水，从一处流到另一处的运动。这种运动是有方向的、可预测的和连续的，它既可以是水平运动，也可以是垂直运动。洋流会影响海洋生物多样性、全球气候，以及热量运动。

影响洋流的三个主要因素是什么？

潮汐

潮涨潮落会使海湾、河口和海岸附近产生更加强劲的洋流。这些洋流又被称为"**潮汐流**"。因为潮汐是有规律地变化的，所以这些洋流很轻易就能被预测到。

风

风会影响海洋表面的洋流。在海岸附近，风会引起**沿海上升流**和**沿海下降流**等现象。另外，在开阔的公海水域中，洋流能够使水越过洋盆，循环数千千米。

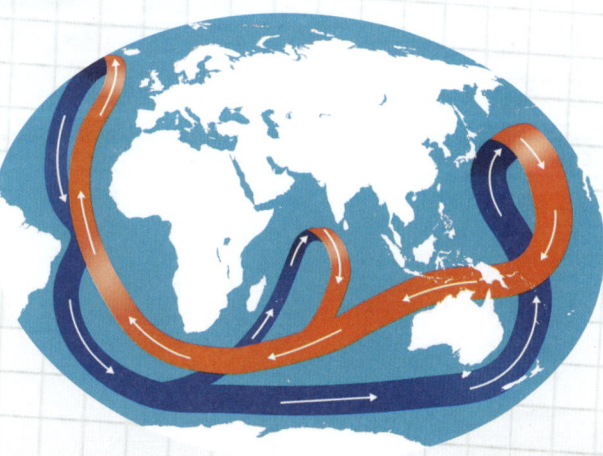

温盐环流

温盐环流标志着水密度上的差异，这是由海洋不同部分的**温度**和**盐度**变化导致的。受温盐环流影响的洋流，既可以出现在海洋深处，也可以出现在更靠近海洋表面的地方。但是这一洋流的移动速度要比风和潮汐引起的洋流慢。

什么是沿海上升流和下降流？

当风吹过海洋表面并将水推开时，就会引起**上升流**。下层富含营养物质的水就会上翻到海洋表面，替代那些被风吹走的海水。

下降流则正好相反，风导致海洋表面的水沿着海岸线不断积聚，这就迫使海洋表面的水向底部下沉。

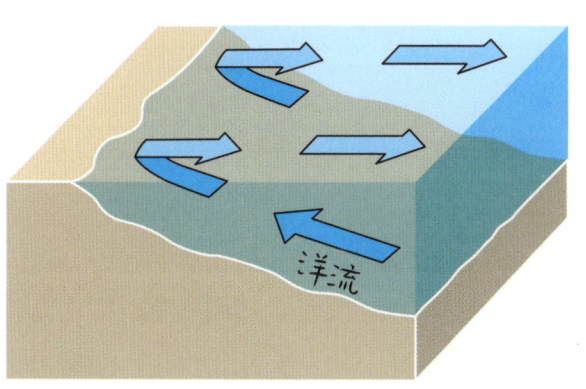

上升流

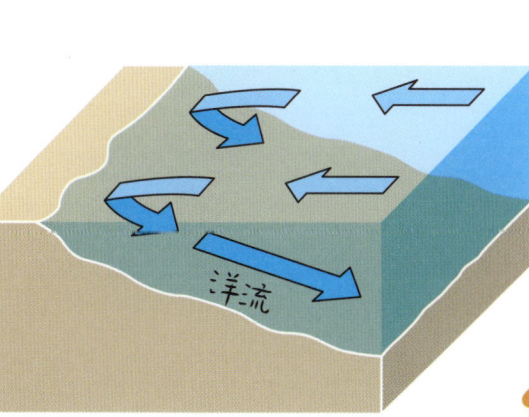

下降流

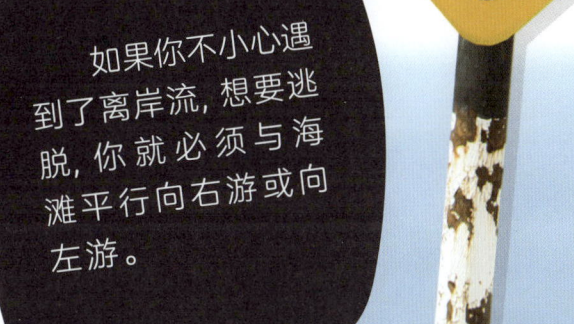

如果你不小心遇到了离岸流，想要逃脱，你就必须与海滩平行向右游或向左游。

什么是离岸流？

离岸流是一种从海岸流向海洋的**强劲水流**。这种水流的速度很快，可达到**每小时8千米**，这对游泳者来说非常危险！但是请不要将离岸流与潜流相混淆，潜流是一种会将游泳者拉向海底的水流。

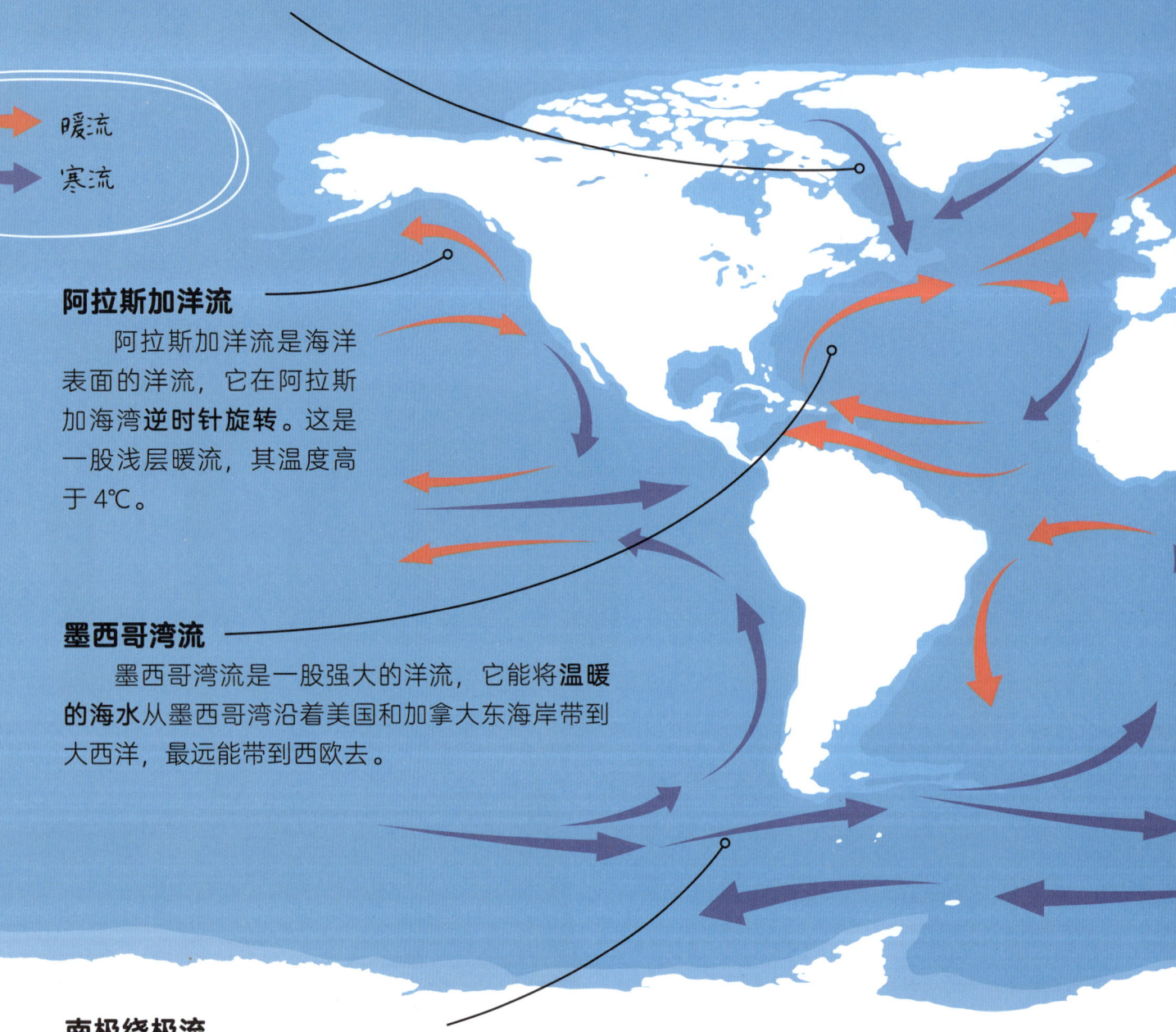

拉布拉多洋流

拉布拉多洋流是一股**浅层寒流**，它从北冰洋开始，沿着拉布拉多海西侧向南流动。每年，它都会行经数千座冰山。拉布拉多洋流中水的盐度很低。

→ 暖流
→ 寒流

阿拉斯加洋流

阿拉斯加洋流是海洋表面的洋流，它在阿拉斯加海湾**逆时针旋转**。这是一股浅层暖流，其温度高于4℃。

墨西哥湾流

墨西哥湾流是一股强大的洋流，它能将**温暖的海水**从墨西哥湾沿着美国和加拿大东海岸带到大西洋，最远能带到西欧去。

南极绕极流

这是一种由环绕南极洲的风所驱动的洋流，它从西向东顺时针流动。由于受到风、地下水势和附近水团的影响，这股洋流的流向和宽度都**很不规则**。

主要的洋流分布图

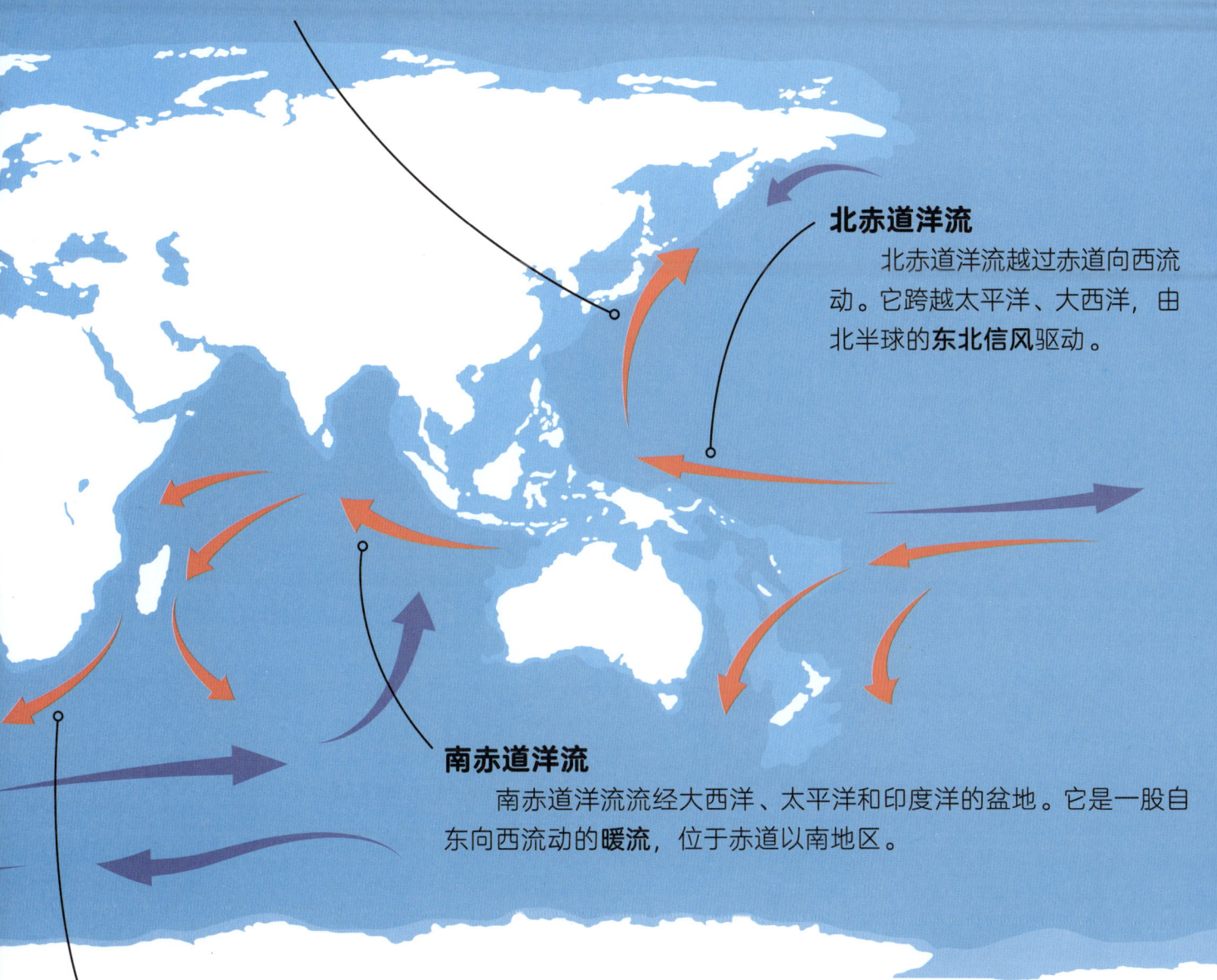

黑潮

黑潮，又称日本暖流，对日本南部和东南部沿海地区的**气候**起着重要作用。其流量会随着季节变化：夏季流量最强，秋季减弱，冬季流量增强，到了春季会再次减弱。

北赤道洋流

北赤道洋流越过赤道向西流动。它跨越太平洋、大西洋，由北半球的**东北信风**驱动。

南赤道洋流

南赤道洋流流经大西洋、太平洋和印度洋的盆地。它是一股自东向西流动的**暖流**，位于赤道以南地区。

莫桑比克洋流

莫桑比克洋流是一股相对温暖的表层暖流，位于印度洋西部。它极大地影响了**马达加斯加岛**以及非洲大陆的气候。在马达加斯加的南部，它随南赤道洋流一起，汇入厄加勒斯洋流。

在这张图中，你可以看到世界各地主要的洋流。

气候和洋流

大海和大洋在全球气候变化中发挥着至关重要的作用。大部分的太阳辐射被海水吸收掉了,特别是在赤道地区。

大海和大洋有助于地球**散发热量**:海水不断地蒸发,导致温度和湿度上升,形成风暴和降雨,并由信风带到陆地上。在这个过程中,洋流发挥着非常重要的作用。

气候变化对洋流有哪些影响?

由于**全球变暖**,世界上主要洋流的流速都在变慢。温度上升导致极地冰川融化,进而导致融化的淡水与海洋表面的咸海水混合,这便降低了海水的盐度,从而导致洋流的**流速减慢**。这也可能使全球洋流发生阻塞,**全球气候将发生显著的变化**。

为什么洋流对气候很重要?

洋流会引起温盐环流,它也被称为"**超级输送带**",它会将温暖的海水和降水从赤道地区输送到两极地区,并将寒冷的海水从两极地区再带到热带地区。洋流的这一运动过程可被细分为**五个阶段**。洋流调节着地球上的气候。因为太阳辐射到达地球时并不均匀,要是没有洋流,气候就会变得特别极端,极地地区会极端严寒,而赤道地区又会极端炎热。

来自北极地区的稠密、盐度高、温度低的海水下沉,并向南流入大西洋。

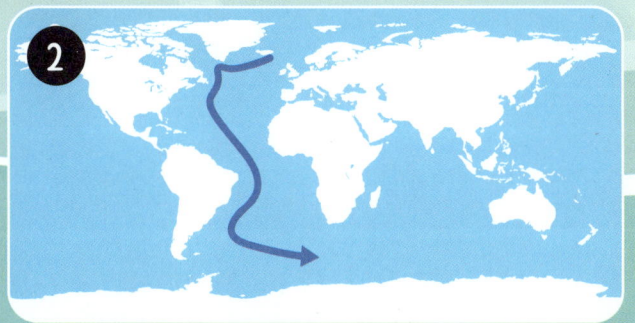

洋流在流动途中,会经过南极洲附近,它会在此"补充"一些更为稠密、温度更低、盐度也更高的海水。

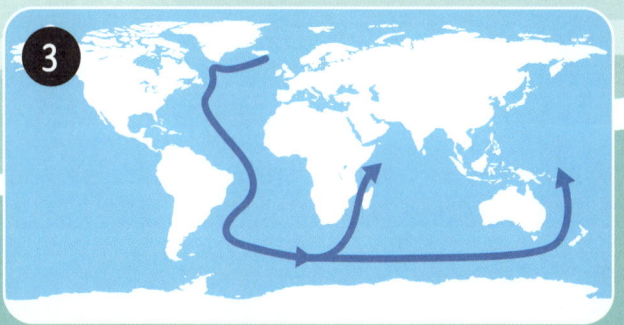

洋流会在此一分为二:一股洋流流向西太平洋,另一股洋流流向印度洋。

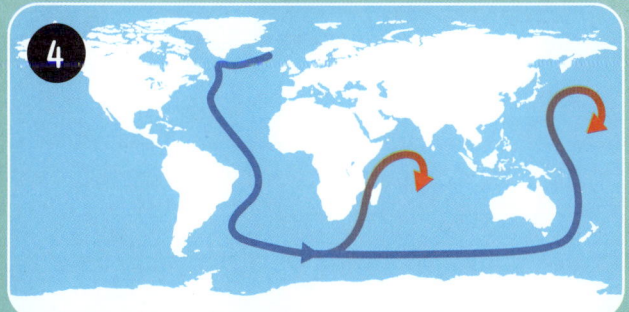

这两股洋流向北移动时会逐渐变暖,然后再向西和向南折返。

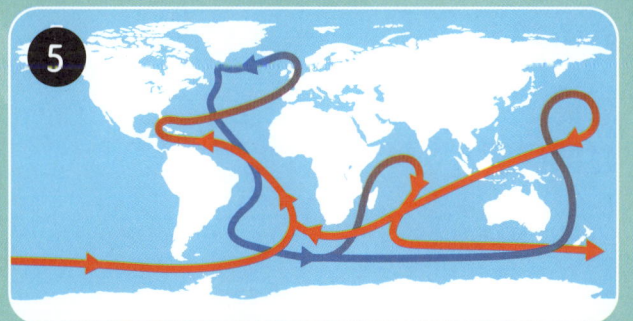

海洋表面的水会变暖,并围绕地球循环流动,接着洋流会再返回北大西洋,并开始下一轮的新循环。

波浪

人在海滩上能听见波浪拍打海岸的浪涛声。有些人喜欢在海中冲浪；有些人会更喜欢悠闲地躺在木筏上享受美好时光，任由水流拍打；还有一些人则喜欢一头扎进水中进行潜水。一望无际的水面看似很平静，但其实海水一直在不断地运动。

波浪是怎么形成的？

波浪是由**能量**形成的，能量通常由风与水摩擦产生。风穿过水面时，就会让水做循环运动。你可能认为，波浪会从一个地方到另一个地方，但事实并非如此！波浪升起后会回到同一个位置。你只需要观察一个被波浪抛起然后又降落的物体就可以知道了：波浪会从一个地方将它举起，然后使它降落在同一个位置上！波浪一个接一个地此起彼伏，从而产生运动。

波浪都有哪些组成部分？

频率
每秒经过A点的波峰数量。

时间间隔
从A点的波峰到达B点的波峰所需要花费的时间。

所有的波浪都是一样的吗？

不是的，波浪因产生它们的**能量来源**不同而有所差异。

表层波浪

这些波浪通常从海滩上就能看到，不论是在公海水域，还是在海岸附近的水面都有表层波浪，它们会在表层水面产生波纹。表层波浪是由**风**产生的，风力越强劲、速度越快，刮的时间越长，波浪就会越大。同样，波浪的高度也取决于这些因素。

风暴波浪

风暴波浪是**具有潜在危险的波浪**，它们是由热带气旋（例如飓风）引起的。与我们日常肉眼可见的波浪不同，它们能导致海平面急剧上升，也会到达海岸并破坏沿岸的环境。这些波浪是在近海岸的**深水中**形成的，并且在靠近海岸时威力会增强。

海啸

海啸是由**海底滑坡**、**火山喷发**或**海底地震**引起的巨大波浪，它们能够快速移动大量的海水，从而形成特别长的波浪。与风暴波浪一样，海啸也极其危险，它们到达海岸时会摧毁沿途的一切。

海啸

海啸是极具灾难性的波浪。它们是由一系列的超长波浪形成的，它们会从海啸发生的中心点，向着四面八方扩散，这就同你把一块石头丢进水池中产生的一道道涟漪一样。

每小时 800 千米

海啸是怎么在海洋中移动的？

在深水中，海啸以惊人的速度移动。它们的速度可以达到**每小时 800 千米**，基本上与飞行中的飞机同速。随着海啸流经的海域变浅，运动阻力增加，它们的运动速度也会减慢。

海啸波的长度、高度和周期间隔是怎么发生变化的？

海啸波的长度和周期间隔，取决于是什么事件触发了海啸。如果海啸是由海底滑坡引起的，那么海啸波的长度和周期间隔就会更短一些。但如果海啸是由强烈的地震引起的，那么海啸波的长度和周期间隔就会更长。通常海啸波的周期间隔在 **5 分钟至 90 分钟**之间，海啸波的长度范围也很广，可以从**几千米到数百千米**。当海啸波接近海岸边时，其波长会减小，波浪的高度则会增加。海啸波在深水中移动时，其高度范围可能是几厘米到 1 米以上。

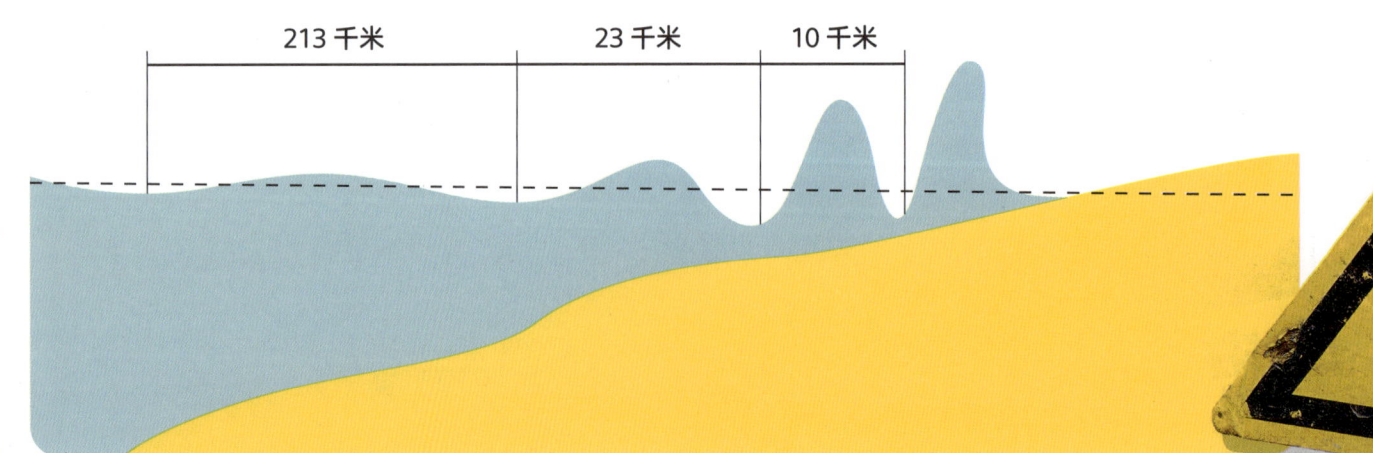

213 千米　　23 千米　　10 千米

海啸都发生在哪里？

海啸最活跃的地带是**太平洋地区**，几个世纪以来，在大西洋和印度洋，以及加勒比海地区，甚至是地中海地区，都曾发生过毁灭性的海啸灾害。

最具破坏性的海啸有哪些？

迄今为止，最具破坏性的海啸发生在 2004 年的**印度洋地区**，是在苏门答腊岛海岸附近发生的印度尼西亚海啸。这场海啸是由一场 9.0 级的大地震引起的，地壳板块的运动使大量的海水被瞬间抬高，袭击并摧毁了沿岸的泰国、印度、斯里兰卡和印度尼西亚等地的部分地区，最远还波及了东非地区。这场海啸灾难共造成 23 万人死亡，大量的基础设施也遭到严重毁坏。

造成 23 万人死亡

2004 年，印度尼西亚

海啸来临前可被预测吗？

在海啸多发的太平洋沿岸，目前已经建立了很多**预警系统**，它们主要用来检测 **7.0 级及以上的大地震**，并可以观测海平面有无异常变化。这种警报系统能够向生活在沿海地区的人们发出海啸即将到来的警报，以便人群能及时**撤离**。

海洋动物群

鱼的共同特征是什么?

鱼是脊椎动物。它们都有一根脊椎骨。生活在水中的鱼类靠**鳃**进行呼吸。鱼类有鳍、有鳞,也会产卵。鱼类是**冷血动物**,它们的体温取决于所生活的水域的环境温度。鱼类可以分为软骨鱼类和硬骨鱼类。

一条鱼的图示

鱼口

鱼口的形状取决于鱼的栖息地和它所吃的食物。有些生活在珊瑚礁中的鱼类,一般都长着小嘴,并且有着坚固的喙。食肉的捕食者鱼类,一般都长着锋利的牙齿和特别宽大的下巴。深海鱼类的嘴巴都很大,而且嘴里满是锋利的牙齿,也有些深海鱼长着像吸盘一样的嘴,这是为了方便汲取更多营养。

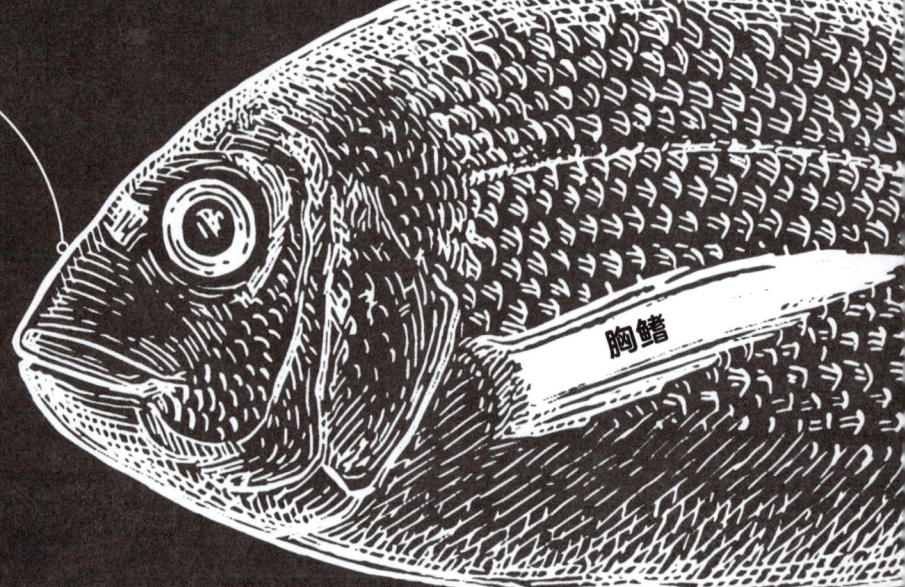

背鳍

胸鳍

腹鳍

有没有有毒的鱼类呢?

有的!其中最著名的要数鲉科鱼类,例如**蝎子鱼**或**狮子鱼**。这些鱼身上都长着很长的**刺**,刺里面是有毒的腺体。这些鱼有各种各样的颜色,这些颜色能让它们融入海底的环境,它们一般在海底埋伏着捕食猎物。

狮子鱼

根据科学估计，生活在海洋中的动物种类大约有一百万种，目前我们无法知道确切的种类数量。科学家们认为，有91%的海洋生物仍未被我们分类！大海和大洋中"最著名的"栖息居民就是鱼类了，它们有着不同的身体形态、大小和颜色。

鱼鳞

鱼鳞主要是由角蛋白构成的。鱼鳞可以很小，小到使鱼看起来近乎全身"裸露"；鱼鳞也可以很大，大到像是一种用来保护鱼的盔甲。

尾鳍

鱼的尾鳍又叫后鳍，它与鱼身上其他的鳍之间协调合作，推动鱼在水中移动。它由骨刺和散开呈网状的皮肤组成。

臀鳍

鱼类的颜色

鱼类可真是五颜六色啊！有些鱼类的颜色特别鲜艳，有些鱼类身上则布满条纹或圆点。丰富多彩的颜色让许多鱼类都能够进行伪装，躲避天敌。鱼类也能通过这些颜色来识别同类成员。

什么是装甲鱼？

装甲鱼属于鲀形目箱鲀科鱼类，它们拥有特殊的"盾甲"一样的鳞片，这让它们只会露出眼睛、尾巴、鱼嘴和鱼鳍。有些鱼类的尾巴和额头上还长有尖刺。

盒子鱼

不光只有鱼类

什么是海洋哺乳动物？

海洋哺乳动物已经适应了水生环境，但是像陆地哺乳动物一样，它们用肺呼吸，所以必须浮出水面进行呼吸。生活在大海和大洋中的主要哺乳动物类群有：**鲸目动物**，包括鲸、海豚等；**海牛目动物**，包括海牛和儒艮；**食肉目动物**，包括海象和海豹等。

海牛（海牛目动物）

虎鲸（鲸目动物）

软体动物

软体动物都有一个**柔软的身体**，有的还带有一个硬壳。软体动物包括：牡蛎，有两个外壳；长着触手的章鱼等。

节肢动物

节肢动物有**甲壳类动物**。它们的身体被一个**外骨骼**覆盖，坚硬的外壳能保护它们。它们的外壳一般分为好几个部分。小型甲壳类动物，例如浮游生物，是某些鲸目动物的食物，因此它们对鲸目动物来说非常重要。

多孔动物

多孔动物通常被称为"**海绵**"，这些多细胞水生动物的移动让人难以察觉。它们可以细分为寻常海绵纲、钙质海绵纲和六放海绵纲三大纲。

生活在大海和大洋中的动物，不仅有鱼类，还有海洋哺乳动物、爬行动物（例如海龟）、鸟类和无脊椎动物，约占海洋生物群的 95%。

蓝鲸
（鲸目动物）

鲸目动物家族成员有蓝鲸，蓝鲸是地球上已知的最大的哺乳动物。

海狮
（食肉目动物）

棘皮动物

这类动物包括**海星**、**海百合**和**海胆**等。大多数棘皮动物都很小，但是有些品种——例如某些海星可以长到好几米。它们的骨架主要成分是碳酸钙。它们的颜色丰富多样。

环节动物

环节动物通常又被称为"蠕虫"，它们身体细长，可以分为多个部分，一般都长着疣足和刚毛，可以四处移动。它们可以分为两类，一类是在海底移动的**游走类多毛纲蠕虫**；另一类是**隐居类多毛纲蠕虫**，这类动物习惯生活在它们为自己建造的管道中，或是生活在它们挖掘的隧道里。

刺胞生物

刺胞生物大致有两种形态：**水螅型**和**水母型**。不管是水螅型还是水母型刺胞生物，它们都有一个被触手包围的位于中央的嘴器，但区别在于，水螅型刺胞生物生活在海底，它们触手朝上，而水母型的触手则朝下，呈伞状。

海洋爬行动物的种类多吗？

在很久很久以前，远在**恐龙生活的时代**，有很多的海洋爬行动物。然而现在它们的数量越来越少，目前海洋爬行动物主要有海龟、海鬣蜥、海蛇和湾鳄等。

海鬣蜥能承受住特别严寒的天气，并能排出体内过多的盐分。

贝尔彻海蛇是世界上毒性最强的蛇类！

湾鳄（又称咸水鳄鱼）是地球上最大的爬行动物！

最古老的海洋爬行动物是什么？

是**海龟**！它们不仅是最古老的海洋爬行动物，也是整个海洋爬行动物家族中最长寿的成员。在地球的整个演化过程中，海龟一直存在，并一直保留着自己的一些特征。200年前，海洋中还生活着数以百万计的海龟。如今，海龟的数量急剧下降，许多海龟品种已被认为是濒临灭绝的物种。

棱皮龟是地球上最大的海龟。它们的平均体重可以达到450千克！棱皮龟能够跋涉千里，而且雌海龟会回到它们出生时的海滩去产卵。

长1.8米至2.2米

重250千克至700千克

有鸟类生活在海洋中吗？

鸟类并不是真的生活在水中，但是的确有许多种鸟类已经适应了**与海洋密切接触**的生活。它们在这里觅食并养活自己，例如鸟类会捕食鱼类、浮游生物和甲壳类动物。有几种鸟类会在悬崖上筑巢或者沿海岸筑巢，它们有一些共同的特征，比如有**蹼状的脚**、**防水的羽毛**、适合游泳和飞行的**锥形身体**等，以及它们几乎都没有能力在陆地上行走。

最大的海鸟是什么？

最大的海鸟是**信天翁**，它是地球上翼展最宽的鸟类。这种鸟可以连续好几天一直不停地飞翔，不过它在筑巢或繁殖的时候会停下来。当风力大的时候，信天翁可以在空中盘旋好几个小时，不必拍打它们那又长又窄的翅膀就能够保持长时间的飞翔。与其他海鸟一样，信天翁也会喝海水。它主要以鱿鱼为食，但有时候也可能会靠近人类的船只，并以人类船只上的残羹渣滓为食。

重达 12 千克

翼展可达 2 米至 3.4 米

所有的海鸟都会飞吗？

并不是所有的海鸟都能飞，例如**企鹅**就不会飞。但是由于企鹅有符合流体动力学的身形，所以它们个个都是游泳健将，它们可以为了追逐猎物而潜入数米深的水中，并且能够屏住呼吸长达好几分钟。在陆地上时，企鹅则会以一种非常特殊的方式移动，它们的步伐很缓慢，但这能让它们减少能量消耗。

帝企鹅

面临威胁的生态系统

废弃物污染及石油污染

许多沿海工厂经常将**废弃物**倾倒排放进海洋。这些废弃物中含有数量惊人的**塑料**和**微塑料**，而这些东西会被生活在海洋中的动物吞食，成为食物链中的一部分——这同样也是我们人类的食物链！更糟糕的是，人类还导致了**海上漏油事故**的发生，穿行在各大海和各大洋中的船只，都会造成不同程度的石油泄漏。

全球变暖

全球变暖导致**海平面上升**，打破了海洋原有的**物理、化学平衡**，干扰了海洋中的许多进程，并威胁到了许多物种的生命，因为它们无法在**不断升高的温度**下生存。此外，**温室气体**也会导致气候变化。这使海洋中的水吸收了更多的二氧化碳，造成海水酸化，从而威胁到了珊瑚和多种浮游生物的生存，而它们正是海洋生态食物链最基础的部分。

空气污染

有毒物质流入海洋，有近三分之一都是由空气污染造成的。这些污染物都是被流动的空气带到海洋上来的，例如燃煤发电厂产生的二氧化硫和汞等。

海洋的生态系统面临威胁，主要是人类的活动造成的。这些人类活动既包括人类直接在水生环境中及沿海地区的活动，也包括人类在陆地上的活动。80%以上的海洋污染来自人类的活动！

过度捕捞

过度捕捞是不可持续的，在过度捕捞中，会使用到一些破坏海洋生态系统的技术，例如拖网捕鱼。在海底拖曳巨型的捕鱼网时，会带走并粉碎掉所有的东西。这种捕捞活动进一步破坏了本就非常脆弱的生物栖息地，例如**珊瑚礁**，还严重伤害了其他一些被拖网缠住的生物，例如海龟和蝠鲼等。有许多物种因为过度捕捞已经濒临灭绝。

物种入侵

由于人类活动和气候的变化，许多**入侵物种**，例如有毒的藻类、海洋植物或动物，迁移到了新的地方。非地方物种的"入侵"大大影响了海洋中原有的生态平衡。其中一个典型就是杀手藻，这是世界上最有害的一百种外来入侵物种之一，它们可以在没有任何天敌的新环境中大肆繁殖，并产生一些有害物质，这极大地危害了当地的海洋食草动物的生存环境。

农药和化肥

农业中使用的**农药和化肥**也会随地下水进入海洋，它们会消耗掉水中的氧气，而很多软体动物和海洋植物的生存需要这些氧气。农药和化肥流入海洋会形成一片巨大的死亡区，目前很多深受其害的物种仍在死亡区中挣扎求生。

濒危物种

由于海洋生态系统受到威胁,许多物种都濒临灭绝。让我们来看看都有哪些海洋濒危物种吧。每个物种面临的威胁都将标明等级类别,这些类别都是由世界自然保护联盟确定的。

巨大的**波纹唇鱼**(又称**拿破仑鱼**)生活在珊瑚礁中,其身长超过2米。它们的生存主要受到东南亚地区活珊瑚礁鱼类贸易的威胁。偷猎者会使用极具破坏性的非法捕捞手段来捕获这些鱼。

加湾鼠海豚很容易辨认,它们的眼睛周围长着黑环。它是一种极危的海洋哺乳动物。近年来,它们的数量急剧下降,特别是在加利福尼亚海湾的海洋保护区,它们经常被人类过度捕捞时所使用的渔网捕获,或是在刺网中挣扎力竭而亡。

红海龟是地中海地区最常见的海龟。它们在海岸边繁殖。红海龟的存在对生态系统非常重要,因为它们有助于维持珊瑚礁的健康。但红海龟的生存,一方面受到捕鱼设备的威胁——它们经常被人捕获;另一方面受到了海滩旅游业开发的影响——因为红海龟喜欢在海滩上筑巢,旅游业开发破坏了它们的栖息地。

大白鲨（又称噬人鲨）是世界上最大的掠食性鱼类。它有约 300 颗牙齿，但它的牙齿不是用来咀嚼食物的，而是用来捕获和撕碎猎物的。大白鲨的生存受到意外捕捞和鲨鱼肉贸易的威胁。鲨鱼肉贸易导致了受保护的鱼类在市场上被销售，又或者是鲨鱼肉未被标明、被人当作其他的鱼肉售卖。

玳瑁海龟有一个狭窄而尖的嘴巴，可从热带海洋的珊瑚礁中捕食海绵动物。玳瑁海龟的外壳上有装饰性的图案，导致它们的生存受到威胁。人类会抓捕玳瑁海龟并将它们珍贵的外壳放到市场上售卖。

鲸鲨是现存最大的鱼类之一。它们体型庞大，以浮游生物和小型鱼类为食，会游很远寻找食物。鲸鲨的身上布满了白色斑点，这让它们很容易被辨认。虽然这类鲨鱼在许多国家都受到保护，但不幸的是，由于非法捕捞作业，它们的数量正在急剧减少。

生态系统问题有哪些应对解决方案？

国际组织已经在这方面做了很多努力，并且正在做更多的事情来保护海洋生态系统。我们每个人也都要以身作则，从身边的小事做起，尊重和保护地球。例如我们可以捡走海滩上的塑料垃圾，或者少参与一些会污染环境的活动。下面，就让我们一起来看看，为了保护海洋，人类已经采取了哪些有用的应对方案吧。

什么是海洋保护区？

海洋保护区是政府建立的**限制人类活动的地方**。例如在海洋保护区，不可以捕鱼、提取材料或破坏自然资源。建立这些保护区的原因有很多。主要是为了**保护濒临灭绝的海洋生物物种**。保护区也可以被当作**科学实验室**：研究人员可以更好地进行比较，看看受人类活动影响的地区和人类活动已经减少到最低限度的地区之间的生态环境有什么不同。

泰国，安通国家海洋公园

派拉格斯保护区于1999年建立。每到夏季，生活在地中海的许多鲸目动物都会聚集在这里，因为这个地区的浮游生物很丰富。在这里，这些海洋哺乳动物会受到特别保护，不会被外界干扰。例如实施严格的监管方案，船只经过这里时需要降低速度，并且也要与这些生物保持一定的距离。

如何保护珊瑚礁？

珊瑚礁栖息地是最脆弱的海洋栖息地之一，需要我们给予更多的关注。保护珊瑚礁的一些具体方案包括：

在实验室中用特殊的材料建造一些**人工珊瑚礁**，给那些习惯在珊瑚礁中生活的生物重建合适的栖息地，因为天然的珊瑚礁栖息地正在渐渐消失。

在实验室中培育一些**特殊的植物**，使它们成为脆弱的珊瑚的食物。

大力保护尚且还不那么脆弱的珊瑚礁群，让它们免受气候变化和环境污染的影响，为那些在脆弱的珊瑚礁地带生活的生物提供一个避难所。

该如何遏制海洋中的石油泄漏？

为了遏制海洋中**已泄漏石油的扩散**，我们通常将浮动的围堵屏障放置在受石油泄漏影响的海域周围，遏制石油继续扩散，并将泄漏的石油引进人造水池。在人造水池中，能更容易地把石油从海水表面除去。此外还可以使用自动或由船舶机器操作的**撇渣器**（又叫石油分离器），这些设备能够将水和石油分离。如果泄漏的石油量比较少，我们可以使用一些吸收剂，这是一种特殊的材料，主要用来吸收和分离水中的污染物。

海洋与航海探险

公元前 3500 年至公元前 500 年

790 年至 1066 年

谁是第一批伟大的航海家？

腓尼基人。他们利用其优越的地理位置（即如今的黎巴嫩），建立了一个庞大的贸易帝国。最著名的腓尼基海上探险是"汉诺的周游探险"，发生在公元前 7 世纪到公元前 5 世纪之间。伟大的航海家汉诺从迦太基（腓尼基最重要的殖民地）出发，越过了赫拉克勒斯之柱（直布罗陀海峡），绕过了非洲海岸，一路向南，最后到达了尼日利亚的邦尼湾。

那些来自北方的探险家……

维京人是凶猛的战士，也是英勇的航海家。从北欧传奇故事中我们可以知道，他们通过海上航行发现了不同的地方：982 年，"红发埃里克"发现了格陵兰岛，后来莱夫·埃里克森（埃里克的儿子）无意中发现了美洲，他到达了巴芬岛和纽芬兰岛。

在几个世纪以前,航海是人们最喜欢的一种探索世界、发现未知大陆的方式。航海探险使人们能够接触到新的文化和去往海外国家。

东方的航海情况如何?

1405年至1433年间,中国组织了多次由正使太监**郑和**率领的海上探险。郑和第一次远航探险期间,其舰队到达了今越南和马来西亚。接着他又朝着爪哇岛和苏门答腊岛航行,到达了斯里兰卡和印度。第五次下西洋时,这位海军上将甚至来到了非洲,他到达了摩加迪沙等港口。

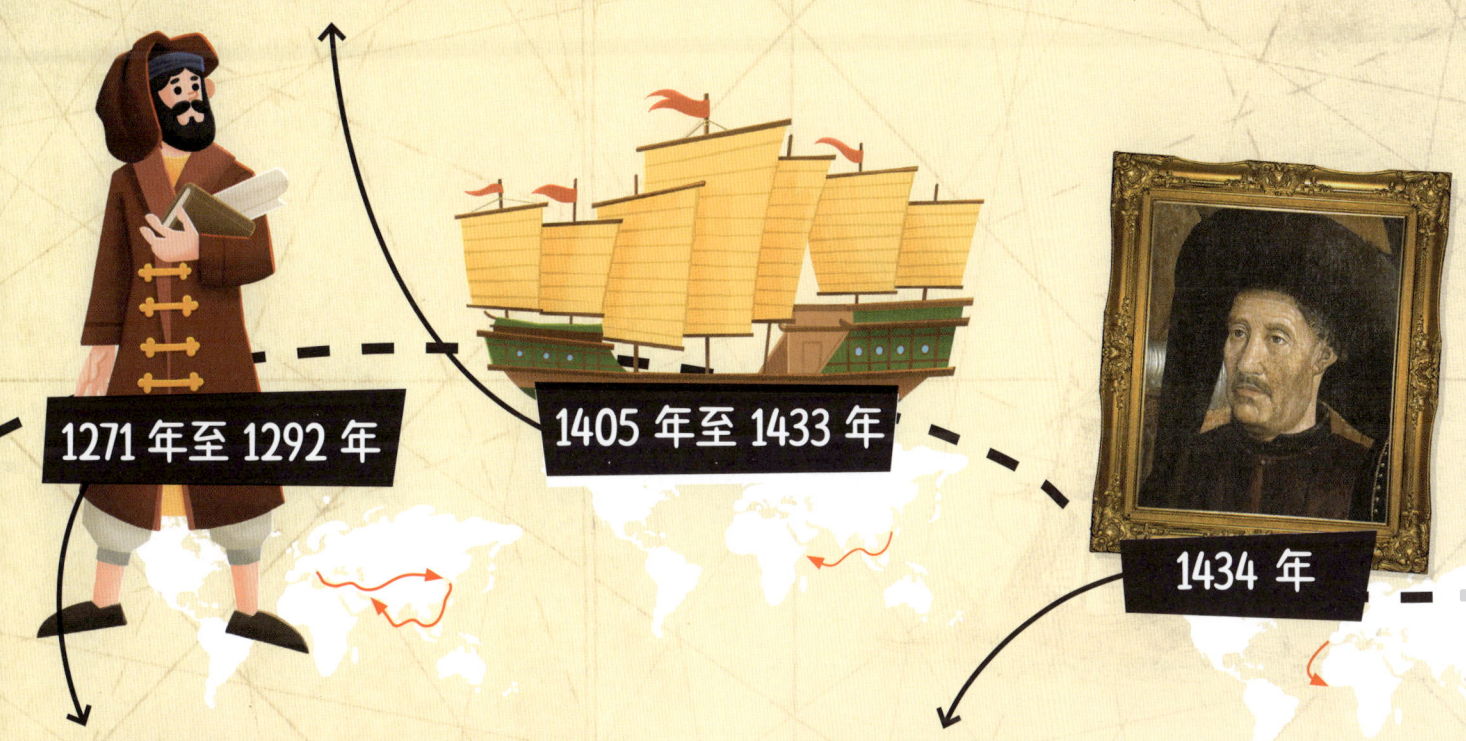

1271年至1292年

1405年至1433年

1434年

丝绸之路

马可·波罗是威尼斯的一个商人,他跟随他的父亲从威尼斯出发,游历各地,了解了不同的风土人情。在出国旅行的途中,他走了一段陆路和水路,但他返程则是通过海路。1292年,他从中国启程,这次他开辟了一条完整的海上往返航线,他航行经过了越南、马来西亚、苏门答腊岛和印度的海岸,接着到达特拉布宗,最后回到了威尼斯。

中世纪时探索非洲

中世纪时,欧洲对非洲仍然一无所知,就算有些关于非洲大陆的传闻,但几乎都不是真的。因此即使是最勇敢的探险家,也不敢越过西撒哈拉北部海岸的博哈多尔角。15世纪,终于有人想要尝试一番,虽然他并不是亲自去航行探险的——1432年,一位富有的葡萄牙王子、**航海家亨利**,资助了他的护卫吉尔·埃阿尼什进行了一次探险,并且最终成功越过了博哈多尔角。

前往美洲的航线

1492 年，**克里斯托弗·哥伦布**希望找到一条无须绕行非洲就能到达东方的航线。他带着两艘轻快帆船——"尼娜"号和"平塔"号，以及一艘克拉克大帆船"圣马利亚"号，从西班牙的帕洛斯港出发，然后停靠在加那利群岛，随后穿过了萨尔加索海，抵达了巴哈马群岛的一个岛屿。哥伦布的舰队在加勒比群岛之间徘徊，到达古巴时，哥伦布还认为他已经到达了今天的日本。他航行到了海地的北岸，最后历经千辛万苦才回到葡萄牙。哥伦布当时并不知道，他已经开辟出了一条从欧洲到美洲的航线。

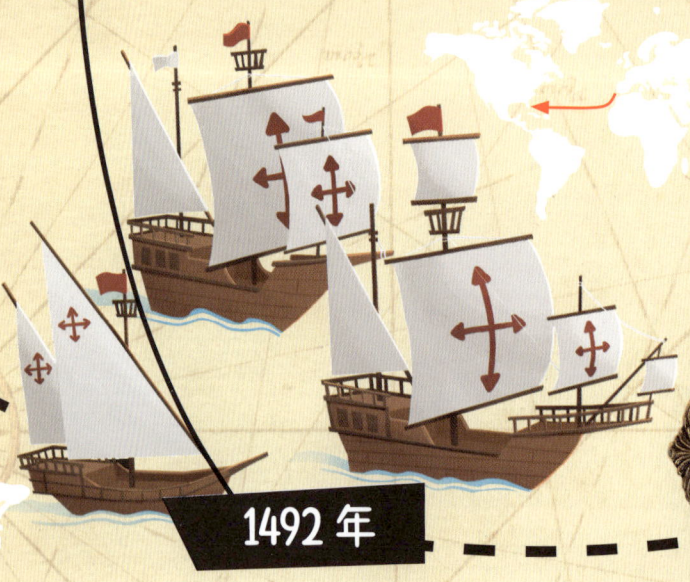

1487 年

1492 年

1497 年

通往东方的新航线

1487 年，葡萄牙国王约翰二世任命**巴尔托洛梅乌·迪亚士**来指挥他组建的舰队，这次航行的目标，是要寻找一条通往印度的新航线。到达非洲最南端时，迪亚士的船队遭遇了一场猛烈的海上风暴，风暴最远将船只刮到了印度洋。在返程的路上，迪亚士绘制出了沿岸的地图，受风暴影响，他在来程途中没有观察到沿岸情况。非洲最南端的海角被他命名为"风暴角"，后被葡萄牙国王改名为"好望角"。

瓦斯科·达·伽马是谁？

瓦斯科·达·伽马的航海探险是根据巴尔托洛梅乌·迪亚士的航海记录和所绘地图进行的。他是一位年轻的葡萄牙航海家，于 1497 年受命探险，以期开辟出一条绕行非洲并通往印度群岛的新航线。他越过好望角，在莫桑比克和蒙巴萨做了短暂停留，最远航行到了马林迪。他从那里横渡印度洋，并到达了印度的卡利卡特。

人类第一次环球航行是什么时候？

人类第一次环球航行是在 1519 年。**斐迪南·麦哲伦**首先有了环球航行的想法，他坚信南美洲有一条通往大南海（即太平洋）的海峡。经过一番疲惫的航行，麦哲伦带领舰队抵达了南美洲，他们在圣胡利安海湾度过了整个冬天，之后经过几个月的航行，在菲律宾群岛登陆上岸。他们于 1521 年抵达了目的地——印度尼西亚的马鲁古群岛，然后于 1522 年返回了西班牙。通过这次旅程，麦哲伦证明了地球是圆的，并且所有大洋都是互相连通的。

1519 年到 1522 年

1768 年到 1779 年

探险太平洋岛屿的人是谁？

首次在太平洋岛屿进行探险的人是**詹姆斯·库克**，他受英国皇家学会的委托，启程前往太平洋进行探险航行。他于 1768 年启程，三年间，他对新西兰周围和澳大利亚东海岸进行了详细的探险考察。1773 年创下横跨南极圈的壮举，1774 年到达离南极洲不远的海域。1776 年又被指派寻找西北航道，这是一条从大西洋向西通往太平洋的贸易路线。随后他前往北美洲的西海岸，试图寻找一条能通往大西洋的通道，但他最后失败了，只得被迫返回夏威夷，结果在那里遇害身亡了。

今日的海洋探索

今天，对于地球表面未知大陆的探索发现，已经很少了，因为此前的探索几乎达到了极限。与之相对的是，我们开始探索隐藏在海洋表面之下的区域——海洋深处和海底等区域，这里对人类而言仍然是一个未知的世界。

我们为什么要探索海洋？

探索海洋能让我们更好地了解海洋，从而更好地保护海洋，也能够让人类以尽可能有效和危害更小的方式利用海洋资源。这也是我们需要学习有关海洋的化学、物理、地质和生物等方面的知识的原因。有关海洋的研究，不仅涉及广袤的海洋咸水区，还涉及与陆地生物密切相关的其他方面。对海洋及其生态系统的研究有重要意义：

为技术和工程上的创新提供有用的新信息。

有助于我们找到新的研发方向，例如，研发可持续的医药、食品和能源。

帮助我们了解如何应对地震和海啸等自然灾害。

帮助我们了解人类活动对海洋的影响，以及我们是如何受到地球变化影响的。

想象一下，如果我们排空覆盖在地球上的所有的水，我们就能看到所有的海底景观，例如平原、深谷和山脉。令人难以置信的是，有一些海底的山脉是如此之高，以至于就算我们探测不到它在海平面下的深度，我们还是能够从陆地上看到它们！

例如亚速尔群岛的皮科山的海拔为2351米，但其实它在水面下隐藏的深度还有6098米！

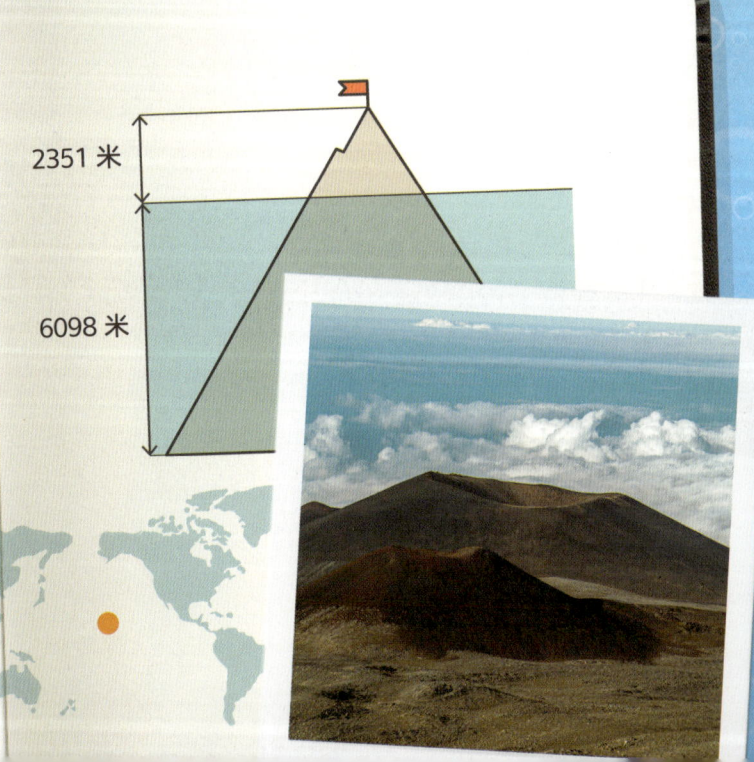

如何进行水下探索？

水下探索有两种方式：**直接探索**和**间接探索**。第一种探索方式是直接由人类来完成的。例如人们使用深海探测器和实验设备等进行深海潜水。然而这种探索方式是有风险的，并且需要人们经过多年的训练。除此之外，我们还可以对海洋进行间接探索，比如使用**声呐**或**回声探测器**等，即通过声音脉冲来测量海水表面与海底之间的距离。现如今，**无人机**和**机器人**也配备了可地面控制的摄像头，它们正被送往海底进行探险。

为什么美国宇航局要进行深海研究？

首先是为了测试在太空任务期间将会使用到的**技术**和**设备**。事实上，很常见的做法是宇航员在执行航天任务前会被派去执行水下任务。此外，研究海洋也是了解水域功能和探索其他行星上生命存在的一种方式。

其次，为了研究与地球相关的一些问题。例如海底热泉现已被模拟复制了出来，科学家希望通过这个模型**了解生命的起源**。在一些太空任务中，宇航员进行了太空对气候、海洋环流和"水"的盐度等影响的重要研究。

最后，美国宇航局的海洋探索也带来了很多专业的知识和技术，它们在当今**海洋学研究**中被使用，可以利用这些知识、技术测量海底地形、海洋上的风和海水的颜色等。

神话和传说中的海洋

几个世纪以来，由于海洋及海面以下的一切都神秘莫测，所以居住在水下世界的神秘生物，便引发了人们的各种猜想，并为此杜撰了各种神话传说。这些神话传说一直广为流传，还为现在的各种电影和书籍创作提供了灵感。

海神

罗马神话记载，**涅普顿**是海神，他被认为是航海者的守护神。在希腊神话中，这位守护神的名字叫**波塞冬**，他是第三代神王宙斯的哥哥。波塞冬除了是海神，还是海啸之神、地震之神，并且掌管着所有的水下王国。波塞冬经常被描绘成一个复仇心切且脾气暴躁的神，他能够赋予怪物以生命，并且能够释放出最具破坏性的自然力量。

在希腊神话中，还有一位海洋女神，名叫特提斯，她是提坦神俄刻阿诺斯的妻子，他们一共生育了三千多个孩子，分布在世界大大小小的水域中。

亚特兰蒂斯

第一个描述亚特兰蒂斯城的人是哲学家**柏拉图**。在他的故事中，亚特兰蒂斯是一座古老的岛屿。亚特兰蒂斯的居民都非常富有，他们居住在宏伟的屋宇中，拥有装满金、银和其他贵重财宝的神殿。然而根据柏拉图的说法，亚特兰蒂斯的居民慢慢变得狡诈和贪婪无度，以至于诸神决定要惩罚他们，于是就**让这座岛屿消失了**。传说这座岛屿位于大西洋中的某处。

海怪

在神话中，最著名的一种海洋生物就是海怪了，这是一种令水手和过往船只都闻风丧胆的**巨型乌贼**。传说海怪生活在格陵兰岛和挪威的海岸附近，它会用长长的触手环抱住船只，并将船只拖入海底。有人认为，这个传说来自一些水手在航行中的真实经历；而且他们看到的那些巨型乌贼的体径的确令人震惊。

飞翔的荷兰人号

在欧洲的海洋传说中，最著名的要数"飞翔的荷兰人"号了。这艘**幽灵船**的名字来源于它的船长——"飞翔的荷兰人"，他被判永远在海上漂泊。这艘船每隔七年才能靠岸一次，在这期间，船长可以上岸寻找真爱，这是他能被拯救的唯一希望。水手们认为，要是他们在海上航行时遇到"飞翔的荷兰人"号，那就预示着灾难即将来临。

塞壬海妖

在我们的想象中，美人鱼有着半鱼、半人的身体，但是在希腊神话中，塞壬是有着半鸟、半女人身体的海妖。根据希腊神话故事，最初的三位塞壬海妖是**佩西诺厄**、**阿格洛佩**和**忒尔克西厄珀亚**，她们能唱出迷人的歌曲来迷惑过往的水手，甚至会导致他们的船只因触礁而沉没。她们出现在很多神话故事中，其中最著名的一个是《奥德赛》，在这个故事中，塞壬海妖迷惑了主人公奥德修斯。

让我们一起来做些实验吧!

> 为了完成所有这些活动,请记得寻求大人的帮助!

做一个罐子里的海洋!

我们在书中读到过,海洋可以分为几个不同深度的区域。现在就让我们在罐子里创建出它们吧!

你需要用到:

- 一个透明的容器
- 一个漏斗
- 食用色素(黑色和蓝色)*
- 滴管
- 标签贴和标记笔

1. 150毫升玉米糖浆
2. 150毫升透明洗洁精
3. 150毫升水
4. 150毫升油
5. 150毫升无色工业酒精

* 因为要给油着色,所以请使用油基着色剂(最好用蓝色)。

1. 我们来制作海洋中最暗的一层（超深渊带）：在玉米糖浆中添加一点黑色的食用色素，并将其混合搅匀，然后使用漏斗将混合液倒入罐子中。

2. 制作深渊带海水：在洗洁精中添加一点蓝色的食用色素，然后将混合液倒入罐子中。

3. 制作深层带海水：在水中添加几滴蓝色的食用色素，使水的颜色比前面几个区域中的稍微浅一些，然后使用漏斗将其缓慢而小心地倒在洗洁精那一层的水上。

4. 制作中层带海水：在油中添加几滴蓝色的食用色素（确保它比前一层的颜色更浅一些），将其倒在罐子里海洋深层的水上面。

5. 制作上层带的海水：使用滴管，在工业酒精中加入一滴蓝色的食用色素，然后将其倒在油层上，请确保酒精不会分离水和油。

6. 好了，大功告成了！如果你愿意的话，还可以给它们分别贴上一个小标签，在上面写上它们对应海洋区域的名称，以便能更加轻松地识别出这些不同的海水层。

暖流实验

在前面的章节中，我们读到了有关洋流的知识内容。下面通过一个简单的实验，你将会更好地了解暖流与寒流交汇时会发生什么。

你需要用到：透明或白色的深容器、冷水、食用色素（蓝色和红色）、冰块、开水

1. 将半升冷水倒入深容器中，并滴上几滴蓝色的食用色素，记得不要滴太多哦，否则你一会儿可能都看不见洋流了！

2. 加入冰块，让它们慢慢融化。这一步的目的就是使水尽可能变冷。等冰块融化时，烧半升水。等水开沸腾之后，先在水里滴上几滴红色的食用色素，再逐渐将开水倒入盛有冷水的深容器的一角。

3. 快看看洋流是如何形成的吧！热水会推开冷水，并快速移动呈带状分布。此外，请注意冷热水形成的道道涡流，那就是运动中的海洋环流哦！

水酸化实验

海洋生态系统面临的最严重的一大威胁便是水酸化。从下面这个实验中，你将了解到水酸化是怎么影响一些生物体的生存的。

你需要用到：几个玻璃杯、贝壳、盐水*、标签贴和标记笔、白醋

1 在每个玻璃杯中各放置一个贝壳。将其中的一个玻璃杯装满盐水，并在上面贴上标签，为了方便识别，在标签贴上写上"盐水"两个字。在其他的玻璃杯中倒满醋，让醋完全覆盖住贝壳。这样一来，你就可以比较贝壳发生的不同反应了。

2 在用醋浸没贝壳后，你会发现，随着时间的推移，会形成很多的气泡（为二氧化碳），贝壳变得很脆弱，最终贝壳会由于化学反应而破裂。这就是当海水变得过酸时会发生的情况！

* 制作盐水时，请在1杯水中加入1茶匙的盐。

石油泄漏实验

在前面一些章节中，我们已经了解到，海洋污染的其中一个原因是石油泄漏。通过以下这个实验，你将会更进一步地了解，当石油在海水中扩散时，会发生什么。

你需要用到：

- 一个透明的深容器
- 水
- 蓝色食用色素
- 一个勺子
- 小石头
- 塑料假鱼
- 一艘塑料船
- 一个玻璃杯
- 油
- 可可粉
- 棉球和海绵

1 在深容器中装入一半水，然后在其中滴入1到2滴的蓝色食用色素，接着用勺子将其搅拌均匀。

2 使用小石头和塑料假鱼模拟一片海洋栖息地。筑好栖息地后，请将塑料船放在海面上航行。

3 现在给油上色，使它看起来更像石油：在一个玻璃杯中，将油和可可粉混合调匀。

4 将调制好的油倒入塑料船中，请想象它是一艘跨洋运输石油的油轮，然后再将船打翻，以模拟海洋中的"石油泄漏"事故。在现实中当船舶发生事故时，石油也是这样泄漏到海水中的。

5 请尝试用勺子、棉球和海绵清除水中的油。你会发现，从水中去除油是多么困难的一件事——你越是想要把油清除干净，油似乎越会扩散得到处都是！

图书在版编目（CIP）数据

哇！好奇妙的海洋 /（意）朱莉娅·佩萨文托著；
（意）恩里科·洛伦齐绘；汪丽译 . -- 广州：广东人民
出版社，2025.6. -- ISBN 978-7-218-17913-1

Ⅰ. P7-49

中国国家版本馆 CIP 数据核字第 20241HC759 号

著作权合同登记号：图字 19-2024-158 号
Original Title: What, How, Why. The Sea
©2022 Sassi Editore Srl
Viale Roma 122/b
36015 Schio (VI) – Italy
Text : Giulia Pesavento
Translation: SallyAnn DelVino
Illustrations: Enrico Lorenzi
Design: Alberto Borgo

WA! HAO QIMIAO DE HAIYANG
哇！好奇妙的海洋

[意]朱莉娅·佩萨文托　著　　[意]恩里科·洛伦齐　绘　　汪丽　译　　　　　　　　版权所有　翻印必究

出 版 人：肖风华

责任编辑：钱飞遥　赵　丹
责任技编：吴彦斌
营销编辑：邓煜儿
特约审校：冉　浩
封面设计：青梧社（微信：asunjovelynn）

出版发行：广东人民出版社
地　　址：广州市越秀区大沙头四马路 10 号（邮政编码：510199）
电　　话：（020）85716809（总编室）
传　　真：（020）83289585
网　　址：https://www.gdpph.com
印　　刷：广东信源文化科技有限公司
开　　本：889 毫米 ×1194 毫米　1/16
印　　张：4.5　　　字　数：67 千
版　　次：2025 年 6 月第 1 版
印　　次：2025 年 6 月第 1 次印刷
定　　价：59.80 元

如发现印装质量问题，影响阅读，请与出版社（020-87712513）联系调换。
售书热线：（020）87717307